Manikanda Prasath Karthikeyan
Krishnamoorthi K

Explorar os bicos de impressão 3D para imprimir materiais abrasivos

Manikanda Prasath Karthikeyan
Krishnamoorthi K

Explorar os bicos de impressão 3D para imprimir materiais abrasivos

Um estudo abrangente do filamento de fibra de carbono e mais além

ScienciaScripts

Imprint
Any brand names and product names mentioned in this book are subject to trademark, brand or patent protection and are trademarks or registered trademarks of their respective holders. The use of brand names, product names, common names, trade names, product descriptions etc. even without a particular marking in this work is in no way to be construed to mean that such names may be regarded as unrestricted in respect of trademark and brand protection legislation and could thus be used by anyone.

Cover image: www.ingimage.com

This book is a translation from the original published under ISBN 978-620-7-64148-2.

Publisher:
Sciencia Scripts
is a trademark of
Dodo Books Indian Ocean Ltd. and OmniScriptum S.R.L publishing group

120 High Road, East Finchley, London, N2 9ED, United Kingdom
Str. Armeneasca 28/1, office 1, Chisinau MD-2012, Republic of Moldova, Europe
Printed at: see last page
ISBN: 978-620-7-62412-6

Explorando os bicos de impressão 3D para imprimir materiais abrasivos: Um estudo abrangente do filamento de fibra de carbono e mais além

- Manikanda Prasath K.,
- K. Krishnamoorthi

Resumo:

O campo em expansão da impressão 3D com materiais abrasivos, particularmente filamentos de fibra de carbono e compósitos análogos, apresenta uma série de complexidades e desafios. Esta tese investiga estes meandros, com o objetivo de desvendar as propriedades dos filamentos de fibra de carbono, avaliar as repercussões dos aditivos abrasivos no hardware de impressão e conceber estratégias para otimizar os processos de impressão para mitigar o desgaste dos bicos e o entupimento do material. Utilizando uma combinação de experimentação empírica e análise teórica, a investigação procura fornecer informações valiosas sobre a seleção de bicos, o ajuste das definições de impressão e técnicas práticas adaptadas para aumentar a fiabilidade e a qualidade das impressões com materiais abrasivos.

O estudo começa com uma exploração das características distintivas dos filamentos de fibra de carbono. Estes filamentos, que combinam fibras de carbono com materiais de base como PLA, PETG, Nylon, ABS e Policarbonato, conferem às peças impressas uma maior resistência e rigidez. No entanto, a natureza abrasiva das fibras de carbono coloca desafios, necessitando de uma consideração meticulosa durante a seleção do bocal e o ajuste dos parâmetros de impressão.

No centro da investigação está uma análise do impacto dos aditivos abrasivos no hardware de impressão. Os bicos tradicionais de latão, omnipresentes nas impressoras 3D normais, são susceptíveis de um desgaste rápido quando sujeitos a filamentos abrasivos. O estudo defende a adoção de aço endurecido ou de materiais alternativos, como o carboneto de tungsténio, para reforçar a durabilidade e a longevidade dos bicos, melhorando assim os problemas de manutenção e reduzindo os custos operacionais.

Além disso, a investigação elucida estratégias para otimizar os processos de impressão para combater o desgaste dos bicos e o entupimento do material. O ajuste fino das definições de impressão, incluindo a temperatura, a velocidade e os parâmetros de retração, surge como um esforço crucial para alcançar uma qualidade de impressão e fiabilidade ideais. Técnicas práticas, como a manutenção dos bicos e o manuseamento e armazenamento adequados de filamentos abrasivos, são também defendidas para simplificar os fluxos de trabalho de impressão e melhorar a experiência do utilizador.

Através da experimentação empírica e da análise teórica, este estudo procura armar os profissionais com os conhecimentos e ferramentas necessários para navegar nos meandros da impressão 3D com materiais abrasivos.

Ao esclarecer as nuances da seleção dos bicos, do ajuste das definições de impressão e das técnicas práticas, a investigação visa capacitar os utilizadores para ultrapassarem os desafios e libertarem todo o potencial das tecnologias de impressão com materiais abrasivos.

Na sua essência, esta tese serve de trampolim para o avanço da fronteira do fabrico aditivo, abrindo caminho a inovações que prometem revolucionar as indústrias e impulsionar a evolução das tecnologias de impressão de materiais abrasivos no futuro.

Índice

1. Introdução

1.1 Antecedentes

O advento da tecnologia de impressão 3D revolucionou os processos de fabrico em várias indústrias, oferecendo flexibilidade e capacidades de personalização sem precedentes. Um desafio significativo na impressão 3D, particularmente com a utilização de materiais abrasivos, é a gestão do desgaste do bocal e do entupimento do material. Os aditivos abrasivos, como as fibras de carbono, introduzem complexidades únicas que podem comprometer a qualidade da impressão e a durabilidade do equipamento. Compreender estes desafios e desenvolver estratégias eficazes para os enfrentar é essencial para fazer avançar a aplicação de materiais abrasivos no fabrico de aditivos.

1.2 Objectivos

O principal objetivo deste estudo é explorar as complexidades e desafios associados à impressão 3D de materiais abrasivos, com um foco específico em filamentos de fibra de carbono e materiais compósitos semelhantes. Através da experimentação empírica e da análise teórica, a investigação visa atingir os seguintes objectivos:

- Investigar as propriedades dos filamentos com infusão de fibra de carbono e o seu impacto na qualidade de impressão e no hardware da impressora.
- Examinar os mecanismos de desgaste do bocal e de entupimento do material induzidos por aditivos abrasivos.

- Desenvolver estratégias para otimizar as definições de impressão para reduzir o desgaste dos bicos e aumentar a fiabilidade da impressão.
- Fornecer informações sobre os critérios de seleção de bicos e avaliar o desempenho de diferentes materiais de bicos no manuseamento de filamentos abrasivos.
- Oferecer recomendações práticas e técnicas para os utilizadores melhorarem a qualidade e a durabilidade das impressões com materiais abrasivos.

1.3 Âmbito do estudo

Este estudo centrar-se-á principalmente nos filamentos de fibra de carbono e na sua aplicação na impressão 3D, tendo em conta a sua utilização generalizada e os desafios únicos que colocam. No entanto, o âmbito também abrangerá materiais compósitos semelhantes que contenham aditivos abrasivos. A investigação irá aprofundar vários aspectos, incluindo as propriedades do filamento, o desgaste do bocal, a otimização das definições de impressão e técnicas práticas para melhorar a qualidade da impressão. Embora o estudo dê ênfase à experimentação empírica, também incorporará análises teóricas para proporcionar uma compreensão abrangente do assunto.

2. Filamentos de fibra de carbono: Propriedades e desafios

Os filamentos de fibra de carbono são materiais compósitos constituídos por uma matriz polimérica de base infundida com fios curtos de fibra de carbono.

2.1 Composição e fabrico

O processo de fabrico envolve a mistura de fibras de carbono com polímeros como

- PLA,
- PETG,
- Nylon,
- ABS, ou
- Policarbonato

para criar um filamento com propriedades mecânicas melhoradas. Compreender a composição e as técnicas de fabrico dos filamentos de fibra de carbono é crucial para avaliar a sua adequação à impressão 3D e para enfrentar os desafios que apresentam durante o processo de impressão. A fibra de carbono é apresentada na figura 2.1.

Fig 2.1 Fibra de carbono

2.2 Propriedades mecânicas

A incorporação de fibras de carbono na matriz do filamento resulta em melhorias significativas nas propriedades mecânicas, como a resistência e a rigidez. Esta melhoria torna os filamentos de fibra de carbono desejáveis para aplicações que requerem elevada durabilidade e estabilidade dimensional. No entanto, as propriedades mecânicas únicas dos filamentos com fibra de carbono também introduzem desafios relacionados com o desgaste do bocal e a consistência da extrusão, que têm de ser cuidadosamente abordados para se conseguir uma qualidade de impressão óptima.

2.3 Abrasividade e desgaste do bico

Um dos principais desafios associados aos filamentos de fibra de carbono é a sua abrasividade inerente, que pode levar a um desgaste acelerado dos bicos das impressoras 3D. O bocal de uma impressora 3D é apresentado na fig. 2.2. A dureza das fibras de carbono excede muitas vezes a dos bicos de latão tradicionais, tornando-os susceptíveis a danos e degradação ao longo do tempo. Esta natureza abrasiva constitui um obstáculo significativo à obtenção de fiabilidade de impressão a longo prazo e exige a seleção de materiais de bocal adequados e procedimentos de manutenção para minimizar o desgaste e prolongar a vida útil do bocal.

Fig 2.2 Bocal da impressora 3D

2.4 Sensibilidade à humidade e considerações relativas ao manuseamento

Para além das suas propriedades abrasivas, os filamentos de fibra de carbono são sensíveis à humidade, o que pode afetar negativamente a qualidade de impressão e o desempenho do filamento se não forem geridos adequadamente. A absorção de humidade pode levar à fragilidade do filamento, inconsistências de extrusão e defeitos de superfície nas peças impressas. Por conseguinte, práticas cuidadosas de manuseamento e armazenamento, tais como armazenar os filamentos em sacos dessecantes e assegurar um ambiente de impressão seco, são essenciais para preservar a integridade do filamento e obter resultados de impressão consistentes.

Compreender as propriedades e os desafios dos filamentos de fibra de carbono é fundamental para aproveitar efetivamente o seu potencial em aplicações de impressão 3D. Ao abordar questões relacionadas com o desgaste do bocal, a qualidade de impressão e o manuseamento do filamento, esta investigação visa fornecer ideias e soluções práticas para otimizar o processo de impressão com materiais abrasivos como os filamentos de fibra de carbono.

3. Seleção de bicos para materiais abrasivos

Ao imprimir em 3D com materiais abrasivos, como filamentos com infusão de fibra de carbono, a seleção do bocal adequado é crucial para manter a qualidade de impressão e prolongar a vida útil da impressora. Esta secção explora vários tipos de bicos, comparando a sua adequação à impressão abrasiva e fornecendo orientações para fazer uma escolha informada.

Os tipos incluem os seguintes e são apresentados na figura 3.1.

- Bicos de latão
- Bicos de aço temperado
- Perspectivas de bicos de tungsténio

Fig 3.1. Tipos de bocais

3.1 Bicos de latão vs. bicos de aço endurecido

Os bicos de latão são um elemento básico na indústria da impressão 3D, valorizados pela sua acessibilidade e condutividade térmica. Funcionam bem com filamentos não abrasivos, oferecendo impressões suaves a baixo custo. No entanto, quando utilizados com materiais abrasivos como a fibra de carbono ou filamentos com infusão de metal, os bicos de latão desgastam-se rapidamente, levando a

- qualidade de impressão reduzida,

- extrusão incoerente, e

- substituições frequentes.

Este desgaste pode também levar a

- o bico entope,

- causando inatividade e

- exigindo uma manutenção mais frequente.

Em contrapartida, os bicos de aço endurecido são concebidos para suportar os rigores da impressão com materiais abrasivos. Embora mais caros do que o latão, a sua durabilidade superior e resistência à abrasão tornam-nos ideais para aplicações de elevado desgaste. Os bicos de aço endurecido mantêm a sua integridade durante mais tempo, o que se traduz numa qualidade de impressão consistente e numa redução do tempo de inatividade devido a mudanças de bicos.

A diferença de custo entre o latão e o aço endurecido é muitas vezes compensada pela vida útil mais longa e pelo menor número de substituições necessárias, tornando-os uma escolha mais económica para quem imprime regularmente com filamentos abrasivos.

3.2 Perspectivas do bocal de tungsténio

Embora os bicos de aço endurecido sejam duráveis, a procura de soluções ainda mais robustas levou à exploração do tungsténio como material de bico. O tungsténio é conhecido pela sua notável dureza e elevada condutividade térmica, características que podem melhorar significativamente o desempenho dos bicos na impressão 3D abrasiva. Os bicos de tungsténio podem oferecer uma melhor resistência ao desgaste do que o aço endurecido, reduzindo potencialmente ainda mais a manutenção e garantindo uma impressão mais consistente ao longo do tempo.

No entanto, a utilização de bicos de tungsténio na impressão 3D está ainda na sua fase inicial. O seu elevado custo e produção limitada tornam-nos menos acessíveis ao mercado em geral. Além disso, a extrema dureza do tungsténio pode colocar desafios de fabrico, afectando a escalabilidade da produção em massa.

Apesar destes obstáculos, os bicos de tungsténio representam uma área promissora para o desenvolvimento futuro, e a investigação contínua sobre o seu fabrico e redução de custos poderá levar a uma adoção mais ampla na indústria de impressão 3D.

3.3 Análise custo-benefício das opções de bocal

A escolha do bocal correto envolve a avaliação do custo inicial e dos benefícios a longo prazo. Embora os bicos de latão sejam mais baratos à partida, o seu rápido desgaste ao imprimir com materiais abrasivos pode levar a substituições frequentes e a resultados inconsistentes, o que acaba por aumentar os custos a longo prazo. Os bicos de aço endurecido, apesar do seu preço mais elevado, tendem a ser mais económicos a longo prazo devido à sua vida útil prolongada e à menor necessidade de substituições. Isto torna-os a escolha preferida dos utilizadores que trabalham frequentemente com filamentos abrasivos.

No caso dos bicos de tungsténio, a análise custo-benefício é mais complexa. Embora prometam um desempenho e durabilidade superiores, o seu custo mais elevado e disponibilidade limitada podem ser proibitivos para alguns utilizadores. Os utilizadores com necessidades de impressão abrasiva e de grande volume podem considerar os bicos de tungsténio um investimento válido, enquanto outros podem optar pelo aço endurecido para equilibrar a durabilidade e o custo.

A seleção do bocal certo para a impressão 3D com materiais abrasivos envolve a ponderação de vários factores, incluindo a durabilidade, o custo e o desempenho. Os bicos de latão podem ser adequados para impressões ligeiras, mas não têm a resistência necessária para materiais abrasivos. O aço endurecido oferece um equilíbrio sólido entre durabilidade e rentabilidade, enquanto o tungsténio, com a sua dureza superior, representa uma opção topo de gama que ainda está a evoluir. Em última análise, os utilizadores devem considerar as suas necessidades específicas, orçamento e frequência de impressão com filamentos abrasivos para determinar a melhor escolha de bocal para as suas aplicações de impressão 3D.

4. Otimização das definições de impressão

Para garantir impressões de alta qualidade e prolongar a vida útil do hardware de impressão 3D ao utilizar materiais abrasivos como filamentos de fibra de carbono, é essencial uma otimização cuidadosa das definições de impressão. Esta secção explora os principais aspectos das definições de impressão que podem afetar

- qualidade de impressão,
- desgaste do bico, e
- integridade do filamento.

A impressora 3D é apresentada na fig. 4.1.

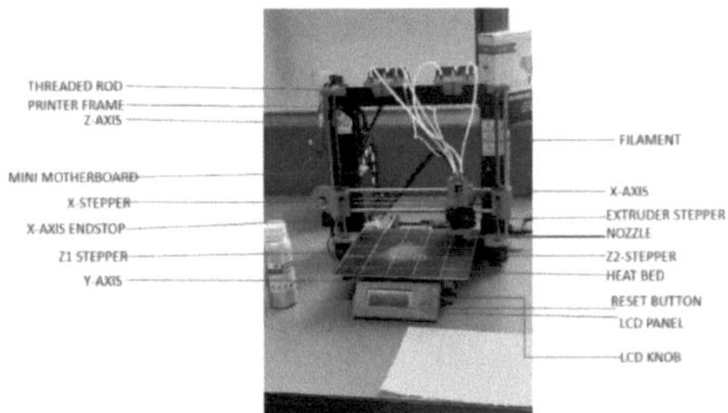

Fig 4.1. Impressora 3D

4.1 Ajuste da temperatura

A escolha da temperatura de extrusão correcta é fundamental quando se imprime com materiais abrasivos. Os filamentos de fibra de carbono requerem normalmente temperaturas mais elevadas para obter um fluxo adequado e uma adesão entre camadas. Se a temperatura for demasiado baixa, o filamento pode não aderir bem, dando origem a impressões fracas ou delaminação. Por outro lado, temperaturas excessivamente altas podem causar

- degradação dos filamentos,
- maior desgaste do bico, ou
- entupimento.

Um bom ponto de partida é seguir a gama de temperaturas recomendada pelo fabricante do filamento. No entanto, podem ser necessários ligeiros ajustes, dependendo do modelo da impressora, das condições ambientais ou de outros factores. A utilização de uma torre de temperatura - uma impressão de teste que explora uma gama de temperaturas - pode ajudar a identificar a definição ideal. A monitorização da temperatura de extrusão durante a impressão também é vital; as flutuações podem indicar problemas com o elemento de aquecimento da impressora ou com os sensores térmicos. A calibração adequada da temperatura pode evitar problemas comuns e melhorar a fiabilidade das impressões.

4.2 Considerações sobre a velocidade de impressão

A velocidade de impressão tem um impacto significativo tanto na qualidade do produto final como na durabilidade do equipamento de impressão. As velocidades mais lentas permitem geralmente uma melhor deposição do filamento, promovendo uma forte adesão da camada e reduzindo o risco de defeitos como deformações ou lacunas. Isto é particularmente verdade quando se trabalha com materiais abrasivos, que requerem um manuseamento cuidadoso para evitar danificar o bocal ou outras partes da impressora.

No entanto, as velocidades mais lentas conduzem a tempos de impressão mais longos, o que pode aumentar os custos de produção e causar períodos de inatividade da impressora. Uma velocidade de impressão óptima equilibra qualidade e eficiência. Esta velocidade varia consoante o tipo de filamento, o modelo da impressora e a complexidade do trabalho de impressão. Para os filamentos de fibra de carbono, uma velocidade moderada tende a funcionar bem, permitindo uma forte ligação das camadas e minimizando o stress do bocal. Os utilizadores devem experimentar diferentes velocidades para encontrar as melhores definições para as suas necessidades específicas.

4.3 Técnicas de retração

A retração é uma técnica utilizada para evitar que o filamento escorra e se enrole durante os movimentos de não impressão. Quando se utilizam materiais abrasivos, as definições de retração adequadas podem ajudar a reduzir o desgaste do bocal e evitar a acumulação de filamentos no interior do bocal ou da extrusora. Uma retração excessiva pode aumentar o desgaste, enquanto que uma retração inadequada conduz à formação de filamentos e outros defeitos.

Experimentar a distância e a velocidade de retração pode produzir os melhores resultados. A distância de retração refere-se à distância a que o filamento é puxado de volta para o bocal, enquanto a velocidade de retração determina a rapidez com que isso ocorre. As distâncias mais curtas e as velocidades moderadas são geralmente eficazes com filamentos de fibra de carbono, reduzindo a tensão no bocal e minimizando a formação de fios.

Algumas impressoras avançadas oferecem definições para ajustar os percursos de deslocação

- para reduzir completamente as retracções,
- fornecer um método adicional para melhorar a qualidade de impressão e
- prolongar a vida útil do bico.

4.4 Orientar a trajetória do filamento para minimizar a quebra

O caminho que o filamento percorre desde a bobina até ao bocal é uma consideração crítica quando se utilizam materiais abrasivos ou frágeis como os filamentos de fibra de carbono. Um percurso incorreto do filamento com curvas apertadas ou fricção excessiva pode levar a

- quebra do filamento,
- causando falhas de impressão e
- manutenção adicional.

Para minimizar este risco, certifique-se de que o trajeto do filamento é tão suave quanto possível, com curvas suaves e sem ângulos agudos. A utilização de tubos-guia ou outros mecanismos para direcionar o filamento pode ajudar a reduzir a fricção e evitar que se enrole ou fique preso. A colocação correcta da bobina de filamento também é importante; deve ser posicionada de forma a permitir uma alimentação suave na impressora, com o mínimo de resistência. Verificações e limpezas regulares do caminho do filamento podem evitar a acumulação ou bloqueios, reduzindo ainda mais o risco de quebra.

A otimização das definições de impressão quando se trabalha com materiais abrasivos como os filamentos de fibra de carbono é crucial para obter impressões de alta qualidade e garantir a longevidade do equipamento de impressão 3D. Ao concentrar-se em áreas-chave como

- temperatura,
- velocidade,
- retração, e
- orientação do filamento

os utilizadores podem criar um ambiente de impressão estável que minimiza o desgaste dos bicos e maximiza a qualidade de impressão.

5. Metodologia experimental

Para compreender o impacto de várias definições de impressão na qualidade e durabilidade das impressões 3D utilizando materiais abrasivos, é crucial uma metodologia experimental bem estruturada. Esta secção descreve os principais componentes de uma abordagem experimental robusta, incluindo

- configuração do teste,
- conceção, e
- técnicas de análise de dados.

5.1 Configuração e equipamento de ensaio

A configuração de teste serve de base a todas as experiências. Requer uma impressora 3D de alta qualidade especificamente concebida ou adaptada para utilização com materiais abrasivos, como filamentos de fibra de carbono. Os principais aspectos a considerar na configuração incluem:

Seleção da impressora: A impressora 3D escolhida deve ser fiável, com uma estrutura resistente e uma extrusora robusta capaz de lidar com materiais abrasivos. Deve também oferecer um controlo preciso da temperatura e da velocidade para garantir condições de impressão consistentes.

Controlo ambiental: Para manter a consistência entre as experiências, o ambiente de teste deve ter níveis de temperatura e humidade controlados. As variações nestes factores podem afetar o comportamento do filamento e a qualidade da impressão.

Ferramentas de medição: São necessários instrumentos calibrados para medir os parâmetros de impressão, tais como

- temperatura,
- velocidade, e

- definições de retração.

Além disso, é necessário equipamento de registo de dados para registar estes parâmetros ao longo do processo de impressão, permitindo uma análise detalhada e a resolução de problemas.

Precauções de segurança: Dados os potenciais perigos associados à impressão 3D, especialmente com altas temperaturas e materiais abrasivos, a configuração deve incluir medidas de segurança adequadas, tais como

- extintores de incêndio,
- ventilação adequada, e
- equipamentos de proteção individual (EPI) para os investigadores.

5.2 Conceção experimental

Um desenho experimental robusto é fundamental para obter resultados fiáveis e reprodutíveis. O projeto deve ter em conta as variáveis que podem influenciar a qualidade de impressão e o desgaste dos bicos. Os principais componentes do projeto incluem:

Condições de ensaio: Definir as condições específicas em que as experiências serão efectuadas. Isto inclui a seleção das

- tipo de filamento,
- definições de impressão (tais como temperatura, velocidade e retração), e
- a geometria das amostras impressas.

O objetivo é criar uma estrutura normalizada que permita comparações significativas entre diferentes definições de impressão e filamentos.

Ensaios aleatórios: Para minimizar o enviesamento e garantir que os resultados são estatisticamente válidos, utilize uma sequência de ensaios aleatórios. Esta abordagem ajuda a distribuir uniformemente as potenciais fontes de variabilidade pelas experiências.

Replicação: A repetição de cada teste várias vezes aumenta a fiabilidade dos resultados. A repetição ajuda a identificar tendências consistentes e reduz o impacto de erros aleatórios.

Variáveis de controlo: Ao avaliar os efeitos de definições de impressão específicas, é essencial manter outros factores constantes. Esta abordagem, conhecida como "experimentação controlada", permite aos investigadores isolar o impacto de definições individuais nos resultados da impressão.

5.3 Técnicas de recolha e análise de dados

A recolha e análise eficazes de dados são essenciais para tirar conclusões significativas dos resultados experimentais. As seguintes técnicas são utilizadas para recolher e analisar dados:

Recolha de dados: Durante cada impressão, registe os parâmetros críticos, como a temperatura de extrusão, a velocidade de impressão, as definições de retração e outros factores relevantes. Recolha estes dados utilizando ferramentas de registo automatizadas para garantir a sua exatidão e integridade.

Avaliação qualitativa: Após a impressão, inspeccione visualmente as amostras impressas para detetar defeitos como deformações, delaminação ou obstruções do bocal. Anote todas as observações que possam indicar variações na qualidade da impressão ou no desempenho do hardware.

Análise quantitativa: Utilizar ferramentas de medição para avaliar a precisão dimensional, a rugosidade da superfície e outros aspectos quantificáveis das amostras impressas. Estes dados fornecem métricas objectivas para comparar diferentes definições de impressão e identificar as configurações ideais.

Análise estatística: Utilize métodos estatísticos como a análise de variância (ANOVA) e a análise de regressão para interpretar os dados experimentais. Estas técnicas ajudam a identificar factores significativos que afectam o desempenho da impressão e a determinar se as diferenças observadas são estatisticamente significativas.

O desenvolvimento de uma metodologia experimental eficaz para a impressão 3D com materiais abrasivos requer uma análise cuidadosa dos

- configuração do teste,
- conceção experimental, e
- métodos de recolha de dados.

Por

- variáveis de controlo,
- replicação de testes, e
- utilizando técnicas de análise robustas,

os investigadores podem obter informações valiosas sobre o impacto de várias definições de impressão na qualidade de impressão e no desgaste dos bicos. Esta informação pode orientar os utilizadores na otimização das suas definições de impressão para um melhor desempenho e longevidade.

6. Resultados empíricos e análise

Os estudos empíricos sobre a impressão 3D com materiais abrasivos são fundamentais para o avanço do conhecimento sobre a forma como estes materiais afectam a qualidade de impressão e o desgaste dos bicos. Esta secção apresenta os resultados de tais estudos e fornece uma análise das principais conclusões.

6.1 Avaliação do desgaste dos bicos

Um dos factores mais críticos na impressão 3D com materiais abrasivos é a taxa de desgaste dos bicos. Para avaliar este facto, foi realizada uma série de impressões controladas utilizando vários tipos de bicos,

- incluindo latão,
- aço endurecido, e
- tungsténio,

com filamentos de fibra de carbono. Ao longo do tempo, as dimensões de cada bocal foram medidas para determinar as taxas de desgaste.

Foram utilizados micrómetros e paquímetros digitais para registar quaisquer alterações no diâmetro interno e na forma geral do bocal. A rugosidade da superfície foi avaliada para identificar as áreas onde o desgaste era mais acentuado. Este exame revelou frequentemente que os bicos de latão apresentavam sinais significativos de desgaste após menos ciclos de impressão, em comparação com o aço endurecido e o tungsténio. Estes sinais incluíam um aumento do diâmetro interno, corrosão da superfície e perda de material à volta do orifício de extrusão. Os bicos de aço endurecido apresentaram uma maior durabilidade, com uma taxa de desgaste mais lenta e menos sinais visíveis de degradação. Os bicos de tungsténio, apesar de ainda estarem a ser testados, mostraram a melhor resistência ao desgaste, com alterações mínimas, mesmo depois de grandes tiragens.

Estes dados sugerem que o material do bocal desempenha um papel significativo na longevidade de uma impressora 3D quando se utilizam filamentos abrasivos. Os resultados reforçam a ideia de que os bicos de aço endurecido ou de tungsténio são um melhor investimento para uma utilização a longo prazo com materiais abrasivos, devido à sua maior resistência ao desgaste.

6.2 Avaliação da qualidade da impressão

Foi efectuada uma avaliação empírica da qualidade de impressão para determinar o efeito de várias definições de impressão e tipos de bicos no resultado final. Esta avaliação incluiu uma inspeção visual das superfícies de impressão para detetar defeitos como

- encordoamento,
- desalinhamento da camada, e
- texturas rugosas.

Além disso, foram efectuadas medições quantitativas para avaliar

- precisão dimensional,
- adesão da camada, e
- integridade global da peça.

A exatidão dimensional foi medida comparando as dimensões da peça impressa com as do modelo digital. A adesão das camadas foi testada através da aplicação de pressão ou força à impressão para verificar a existência de delaminação ou ligação fraca. A rugosidade da superfície foi quantificada utilizando profilómetros, fornecendo um valor numérico para a textura da superfície.

Os resultados indicaram que a qualidade de impressão ideal estava intimamente ligada às definições correctas de temperatura e velocidade. As temperaturas de extrusão mais elevadas melhoravam frequentemente a aderência das camadas, mas também podiam levar à formação de cordões se não fossem geridas cuidadosamente. Do mesmo modo, as velocidades de impressão mais lentas melhoravam normalmente a precisão e a suavidade da superfície, mas aumentavam o tempo de produção. A análise sublinhou a importância de encontrar o equilíbrio correto nas definições de impressão para obter resultados de alta qualidade, mantendo a eficiência da produção.

6.3 Impacto das variações de temperatura e velocidade

Para compreender os efeitos das variações de temperatura e velocidade na qualidade da impressão e no desgaste dos bicos, foram realizadas experiências com uma gama de temperaturas de extrusão e velocidades de impressão. A temperatura foi variada em pequenos incrementos para identificar a gama óptima para os filamentos de fibra de carbono, enquanto a velocidade de impressão foi ajustada para avaliar o seu impacto no fluxo do filamento e na ligação das camadas.

Os resultados mostraram que as gamas de temperatura óptimas são normalmente mais elevadas para os materiais abrasivos do que para os filamentos normais. As temperaturas mais elevadas asseguram um fluxo de filamento e uma adesão de camada adequados, mas podem contribuir para um maior desgaste do bocal. Inversamente, o funcionamento a temperaturas mais baixas pode conduzir a uma má qualidade de impressão devido a um fluxo de filamento inadequado e a uma fraca adesão das camadas.

A velocidade de impressão também teve um impacto significativo. As velocidades mais lentas permitiram

- melhor deposição de camadas e
- pormenores mais precisos,

enquanto as velocidades mais rápidas podem conduzir a defeitos e a um maior desgaste dos bicos. A análise evidenciou um compromisso entre velocidade e qualidade, com a definição ideal a depender dos requisitos específicos de cada trabalho de impressão.

6.4 Eficácia das estratégias de retração

A retração desempenha um papel vital na redução dos defeitos de impressão, como o encordoamento e a escorrência. Foram realizados testes empíricos para determinar as estratégias de retração mais eficazes para a impressão com materiais abrasivos. As experiências envolveram

- distância de retração variável,
- velocidade, e
- para identificar as definições óptimas.

Os resultados indicaram que a distância e a velocidade de retração são cruciais para minimizar as obstruções do bocal e a acumulação de filamentos. A retração excessiva pode levar a um maior desgaste, enquanto que a retração inadequada resulta em filamentos e escorrimentos. Ao ajustar estes parâmetros, foi possível encontrar um equilíbrio que manteve a qualidade de impressão, minimizando o desgaste do bocal.

Além disso, os testes demonstraram que estratégias alternativas de retração, como a modificação dos percursos para evitar a retração total, poderiam reduzir ainda mais o desgaste do bocal. Estas técnicas avançadas foram particularmente eficazes em impressões complexas com múltiplas retracções, oferecendo uma abordagem para minimizar os defeitos de impressão e aumentar a fiabilidade da impressão.

Os resultados empíricos e a análise fornecem uma compreensão mais profunda dos desafios e oportunidades na impressão 3D com materiais abrasivos, como os filamentos de fibra de carbono. Os dados recolhidos de

- avaliações do desgaste dos bicos,
- avaliações da qualidade da impressão,
- variações de temperatura-velocidade, e
- estratégias de retração

oferece informações valiosas aos utilizadores que procuram otimizar as suas definições de impressão. Ao aplicar estes conhecimentos, os entusiastas e profissionais da impressão 3D podem melhorar a qualidade de impressão, reduzir os custos de manutenção e prolongar a vida útil do seu equipamento quando trabalham com filamentos abrasivos.

7. Estudos de caso: Marcas de filamentos de fibra de carbono

Os estudos de caso centrados em marcas específicas de filamentos de fibra de carbono proporcionam uma oportunidade para examinar o desempenho e os desafios do mundo real. Ao testar estes filamentos em vários parâmetros de impressão 3D, é possível obter uma compreensão detalhada do seu comportamento, durabilidade e das melhores práticas para otimizar a qualidade de impressão. As secções seguintes apresentam estudos de caso que envolvem dois filamentos populares com infusão de fibra de carbono, seguidos de uma análise comparativa que fornece informações sobre os seus pontos fortes e limitações.

7.1 Proto-Pasta PLA reforçado com fibra de carbono

O PLA reforçado com fibra de carbono Proto-Pasta é um filamento muito conceituado na comunidade de impressão 3D, conhecido pela sua combinação de facilidade de utilização e propriedades mecânicas melhoradas. Este filamento é composto por uma base de PLA com 15% de fibras de carbono cortadas, o que lhe confere

- maior rigidez,
- força, e
- resistência à deformação em comparação com o PLA normal.

O estudo de caso envolveu testes empíricos exaustivos para avaliar o seu desempenho em várias condições.

Para avaliar a sua capacidade de impressão, foram utilizadas diferentes definições de impressão, incluindo variações de

- temperatura,

* velocidade, e
* retração.

As experiências centraram-se na qualidade da impressão, com um interesse particular em

* precisão dimensional,
* adesão da camada, e
* acabamento da superfície.

Além disso, o desgaste dos bicos foi monitorizado para compreender o impacto do filamento nas cabeças de impressão ao longo do tempo.

Os resultados iniciais indicaram que o PLA reforçado com fibra de carbono Proto-Pasta necessita de temperaturas ligeiramente mais elevadas para obter uma adesão e fluxo de camadas óptimos. Apesar disso, o filamento apresentou uma excelente capacidade de impressão, com deformações mínimas e boa estabilidade dimensional. O desgaste dos bicos foi mais elevado em comparação com o PLA padrão, mas controlável, particularmente com bicos de aço endurecido.

O estudo concluiu que o PLA reforçado com fibra de carbono da Proto-Pasta é uma excelente escolha para os utilizadores que procuram uma maior resistência sem sacrificar a facilidade de impressão. A Fig. 7.1 mostra o PLA reforçado com fibra de carbono da Proto-Pasta. O desempenho consistente do filamento numa série de configurações de impressão e a sua relativa compatibilidade com impressoras 3D padrão fazem dele uma opção versátil para uma variedade de aplicações.

Fig 7.1 Proto-Pasta PLA reforçada com fibra de carbono

7.2 Matterhackers Nylon X

O Nylon X da Matterhackers, apresentado na fig. 7.2, é um filamento com infusão de fibra de carbono que combina nylon com 20% de fibras de micro-carbono. É conhecido pelas suas propriedades mecânicas superiores, tornando-o ideal para protótipos funcionais e peças de utilização final que exijam elevada durabilidade e resistência. Este estudo de caso centrou-se na avaliação do desempenho do filamento, com especial atenção para a sua capacidade de impressão, sensibilidade à humidade e compatibilidade com diferentes materiais de bocal.

Dada a sensibilidade inerente do nylon à humidade, o estudo de caso envolveu procedimentos cuidadosos de manuseamento e armazenamento para evitar a degradação do filamento. As experiências avaliaram

- qualidade de impressão,
- centrado na aderência das camadas,
- precisão dimensional, e
- resistência à deformação.

Além disso, o desgaste do bocal foi monitorizado para determinar o impacto das fibras de carbono abrasivas.

Os resultados indicaram que o Matterhackers Nylon X requer temperaturas mais elevadas e velocidades de impressão mais lentas para obter resultados óptimos. O filamento apresentou excelentes propriedades mecânicas, com uma adesão robusta das camadas e uma deformação mínima quando impresso corretamente. No entanto, era mais propenso à absorção de humidade, necessitando de uma secagem e armazenamento cuidadosos. O desgaste dos bicos foi significativo, especialmente nos bicos de latão, sugerindo que os bicos de aço endurecido ou de tungsténio são mais adequados para uma utilização prolongada com este filamento.

O estudo concluiu que o Matterhackers Nylon X é um forte candidato para aplicações que exijam durabilidade e resistência, desde que sejam aplicadas definições de manuseamento e impressão adequadas. A sua sensibilidade à humidade e o maior desgaste dos bicos requerem cuidados adicionais, mas não prejudicam o seu desempenho e fiabilidade globais.

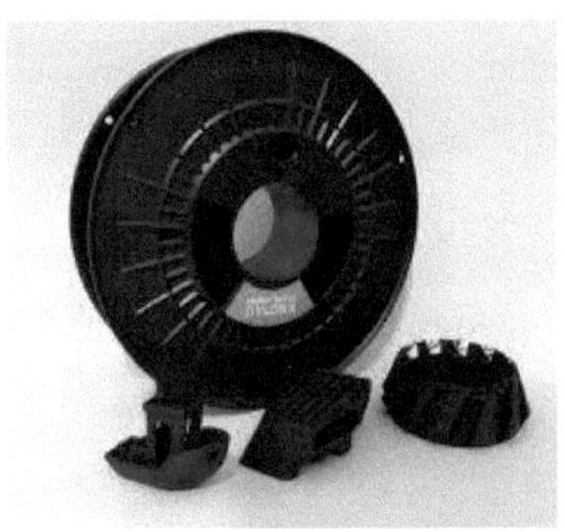

Fig. 7.2. Matterhackers Nylon X

7.3 Comparação de métricas de desempenho

Uma análise comparativa do PLA reforçado com fibra de carbono da Proto-Pasta e do Nylon X da Matterhackers, juntamente com outros filamentos com infusão de fibra de carbono, fornece informações valiosas sobre os seus pontos fortes e limitações relativas. Ao comparar factores como

- qualidade de impressão,
- precisão dimensional,
- desgaste do bico, e
- compatibilidade de materiais,

esta análise tem como objetivo estabelecer uma visão abrangente do desempenho de diferentes filamentos de fibra de carbono em vários cenários de impressão 3D.

O estudo comparativo revelou que o PLA reforçado com fibra de carbono da Proto-Pasta é geralmente mais fácil de imprimir, exigindo menos ajustes nas definições de impressão padrão. Oferece uma boa precisão dimensional e um desgaste moderado do bocal, o que o torna uma escolha adequada para os utilizadores que procuram um equilíbrio entre resistência e facilidade de utilização.

Em contrapartida, o Matterhackers Nylon X oferece propriedades mecânicas e resistência superiores, mas exige um manuseamento mais cuidadoso devido à sua sensibilidade à humidade. O maior desgaste do bocal observado com o Nylon X sugere a necessidade de materiais de bocal mais duráveis, enquanto que os seus requisitos de temperatura e velocidade de impressão requerem um controlo mais preciso.

Esta análise comparativa fornece recomendações práticas para os utilizadores que escolhem entre estes e outros filamentos de fibra de carbono semelhantes. Os utilizadores que procuram uma impressão simples com ganhos de resistência moderados podem preferir o Proto-Pasta, enquanto os que necessitam de durabilidade e resistência excepcionais podem optar pelo Matterhackers Nylon X, desde que estejam dispostos a investir em cuidados adicionais e em materiais de bocal robustos. A comparação é apresentada na tabela 8.1.

Tabela 8.1 Comparação de métricas de desempenho

Métrica	Proto-Pasta PLA reforçado com fibra de carbono	MatterHackers Nylon X
Qualidade de impressão	Elevado, com ajustes mínimos necessários às definições de impressão padrão.	Elevado, mas requer um manuseamento cuidadoso e definições específicas devido à sensibilidade à humidade.
Precisão dimensional	Geralmente bom, com resultados consistentes em diferentes definições de impressão.	Preciso, mas pode exigir um controlo mais preciso da temperatura e da velocidade para obter resultados óptimos.
Desgaste do bocal	Desgaste moderado; geralmente compatível com bicos de latão, mas recomenda-se o uso de aço endurecido ou tungsténio para maior longevidade.	Maior desgaste; necessita de materiais de bocal mais duráveis, como aço endurecido ou tungsténio.
Compatibilidade de materiais	Funciona bem com uma variedade de impressoras e é relativamente fácil de manusear.	Requer um armazenamento e manuseamento mais cuidadosos devido à sensibilidade à humidade.
Resistência mecânica	Maior resistência em comparação com o PLA normal, mas não tão robusto como o Nylon X.	Resistência mecânica superior, adequada para protótipos funcionais e peças de utilização final.

		A impressão é mais difícil devido à sensibilidade à humidade e à necessidade de maior precisão nas definições.
Facilidade de utilização	Fácil de imprimir; menos ajustes e compatível com impressoras 3D comuns.	A impressão é mais difícil devido à sensibilidade à humidade e à necessidade de maior precisão nas definições.
Melhor caso de utilização	Ideal para quem procura um equilíbrio entre resistência e facilidade de utilização.	Ideal para quem exige uma resistência e durabilidade excepcionais e está disposto a investir em bicos robustos e cuidados adicionais.

Através destes estudos de caso, são obtidas informações sobre as propriedades únicas e as características de desempenho das marcas de filamentos de fibra de carbono. A avaliação empírica do PLA Reforçado com Fibra de Carbono Proto-Pasta e do Nylon X Matterhackers, juntamente com uma análise comparativa, lança luz sobre as complexidades e oportunidades na impressão com materiais abrasivos. Esta informação serve como um recurso valioso para os entusiastas da impressão 3D e para os profissionais que procuram utilizar filamentos de fibra de carbono nos seus projectos, proporcionando uma compreensão mais clara das melhores práticas e dos potenciais desafios.

<u>**8. Recomendações práticas para os utilizadores**</u>

Trabalhar com materiais abrasivos como filamentos de fibra de carbono na impressão 3D coloca desafios únicos, especialmente no que respeita ao desgaste dos bicos, à qualidade de impressão e à manutenção do equipamento. Esta secção fornece recomendações práticas abrangentes para ajudar os utilizadores a otimizar a sua experiência de impressão 3D com estes materiais.

8.1 Programa de manutenção e substituição dos bicos

Para garantir uma qualidade de impressão consistente e prolongar a vida útil das impressoras 3D, é crucial um programa regular de manutenção e substituição dos bicos. Os bicos são propensos ao desgaste, particularmente quando se utilizam filamentos abrasivos. A inspeção regular ajuda a detetar sinais precoces de desgaste, tais como

- aberturas de bocal alargadas,
- arestas, ou
- acumulação de resíduos de filamentos.

Conselhos de manutenção

Inspeção regular: Verifique periodicamente o estado do bocal, idealmente após cada poucas sessões de impressão, para garantir que não existem sinais de danos ou entupimento.

Limpeza: Utilize ferramentas adequadas, como agulhas de limpeza ou escovas de latão, para remover quaisquer resíduos de filamento ou detritos do bocal. Este passo reduz a probabilidade de entupimentos e assegura um fluxo de filamento suave.

Programa de substituição: Implementar um calendário de substituição dos bicos com base na frequência de utilização e na abrasividade dos filamentos. Os bicos de aço endurecido ou de tungsténio podem necessitar de uma substituição menos frequente do que os de latão, mas continuam a necessitar de monitorização.

Bicos de reserva: Mantenha um stock de bicos de substituição para minimizar o tempo de inatividade em caso de desgaste inesperado ou entupimentos. Considere a possibilidade de ter diferentes tamanhos à mão para flexibilidade nos requisitos de impressão.

A manutenção regular dos bicos e um calendário de substituição bem planeado podem reduzir significativamente os problemas relacionados com a impressão e aumentar a fiabilidade geral da impressora 3D.

8.2 Directrizes de manuseamento e armazenamento de filamentos abrasivos

O manuseamento e armazenamento adequados dos filamentos abrasivos são essenciais para manter a integridade do filamento e garantir uma qualidade de impressão consistente. Os filamentos abrasivos, especialmente os que contêm fibras de carbono, são sensíveis à humidade e podem degradar-se se não forem armazenados corretamente.

Dicas de armazenamento:

Recipientes herméticos: Armazene os filamentos em recipientes herméticos ou sacos selados a vácuo com pacotes de dessecante para reduzir a exposição à humidade. Isto evita a degradação do filamento e assegura uma extrusão consistente durante a impressão.

Ambiente controlado: Manter um ambiente estável para o armazenamento do filamento, evitando temperaturas extremas ou níveis de humidade que possam afetar a qualidade do filamento.

Evitar a contaminação: Manuseie os filamentos com as mãos ou luvas limpas e evite o contacto com superfícies que possam introduzir contaminantes. Isto é especialmente importante para os filamentos de fibra de carbono, uma vez que os contaminantes podem afetar a adesão da camada e a qualidade da impressão.

Dicas de manuseamento:

Enrolamento correto: Assegure-se de que o filamento é enrolado corretamente para evitar emaranhamento ou tensão excessiva, o que pode levar à quebra do filamento durante a impressão.

Alimentação cuidadosa: Ao carregar o filamento na impressora, assegure um trajeto suave e desobstruído para minimizar a tensão no filamento e reduzir o risco de quebra.

O cumprimento destas directrizes ajuda a manter a qualidade do filamento, conduzindo a impressões mais fiáveis e consistentes.

8.3 Resolução de problemas comuns

Mesmo com uma preparação meticulosa e as melhores práticas, podem surgir problemas comuns aquando da impressão 3D com materiais abrasivos. Para solucionar problemas de forma eficaz, os utilizadores devem identificar e abordar metodicamente as potenciais fontes de problemas.

Problemas e soluções comuns:

Entupimento do bocal: Este é um problema frequente com filamentos abrasivos. Se ocorrer um entupimento, tente limpar o bocal com uma agulha ou um filamento de limpeza específico. Se o entupimento persistir, considere a substituição do bocal.

Enfiamento e escorrimento: Ajuste as definições de retração e a velocidade de deslocação para minimizar a formação de cordões. A redução da temperatura de extrusão também pode ajudar se o problema for a exsudação excessiva.

Má aderência da camada: Aumentar a temperatura de extrusão ou diminuir a velocidade de impressão para garantir uma ligação correcta das camadas. Uma mesa de impressão aquecida também pode melhorar a aderência.

Deformação: Para combater o empeno, certifique-se de que a mesa de impressão está nivelada e considere a utilização de auxiliares de aderência, como cola em bastão ou adesivos para placas de construção. Poderá também ser necessário ajustar a temperatura da mesa de impressão.

Recursos para a resolução de problemas:

Directrizes do fabricante: Consulte a documentação do fabricante do filamento e da impressora para obter dicas específicas de resolução de problemas e definições recomendadas.

Fóruns da comunidade: Os fóruns online, como o r/3Dprinting do Reddit, são recursos valiosos para conselhos de resolução de problemas e partilha de experiências com outros entusiastas da impressão 3D.

Suporte profissional: Se os problemas persistirem, considere a possibilidade de contactar o fabricante da impressora ou os serviços de assistência profissional para obter aconselhamento especializado.

Através da resolução proactiva de problemas e da resolução de problemas comuns, os utilizadores podem manter impressões de alta qualidade e reduzir o tempo de inatividade da impressora.

Estas recomendações práticas visam ajudar os utilizadores a navegar eficazmente pelas complexidades da impressão 3D com materiais abrasivos. Dando prioridade à manutenção dos bicos, implementando práticas de manuseamento e armazenamento adequadas e resolvendo proactivamente problemas comuns, os utilizadores podem aumentar a fiabilidade, qualidade e eficiência dos seus projectos de impressão 3D. Em última análise, estas práticas contribuirão para um equipamento mais duradouro, uma qualidade de impressão consistente e uma experiência de impressão 3D globalmente melhorada.

<u>**9. Direcções futuras e tecnologias emergentes**</u>

A exploração da impressão 3D com materiais abrasivos, particularmente filamentos de fibra de carbono e compósitos semelhantes, revelou inúmeros desafios e oportunidades. À medida que o campo continua a evoluir, as direcções futuras e as tecnologias emergentes oferecem caminhos promissores para melhorar as capacidades e a sustentabilidade dos processos de impressão com materiais abrasivos. Esta secção analisa três áreas-chave de avanço:

- Materiais e concepções avançadas de bicos,
- Ferramentas de otimização de impressão assistidas por IA e
- Práticas sustentáveis no desenvolvimento de filamentos.

9.1 Materiais e concepções avançadas de bocais

A durabilidade e a resistência ao desgaste dos bicos são factores críticos para garantir a longevidade e a fiabilidade da impressão 3D com materiais abrasivos. Os futuros avanços nos materiais e designs dos bicos têm o potencial de enfrentar estes desafios e desbloquear novas possibilidades na impressão com materiais abrasivos. Uma direção promissora é o desenvolvimento de novos materiais de bocal com propriedades superiores de resistência ao desgaste e condutividade térmica, ultrapassando as capacidades do latão tradicional e do aço endurecido. Materiais como o carboneto de tungsténio e a cerâmica oferecem uma dureza e resistência ao calor excepcionais, tornando-os candidatos ideais para a construção de bicos em aplicações de impressão de materiais abrasivos.

Além disso,

- avanços na conceção dos bicos,

- como a melhoria da dinâmica do fluxo,
- características anti-entupimento,
- maior eficiência na extrusão do filamento,
- reduzir o risco de desgaste dos bicos e,
- entupimento de material.

Inovações como os sistemas de extrusão dupla e os bicos de abertura variável permitem um controlo preciso da deposição de material e suportam a impressão de geometrias complexas com filamentos abrasivos. Ao utilizar materiais e designs de bocal avançados, os futuros sistemas de impressão 3D podem atingir níveis mais elevados de

- fiabilidade,
- qualidade de impressão, e
- versatilidade quando se trabalha com materiais abrasivos.

9.2 Ferramentas de otimização da impressão assistidas por IA

A inteligência artificial (IA) e as tecnologias de aprendizagem automática apresentam oportunidades sem precedentes para otimizar as definições de impressão e melhorar o desempenho dos processos de impressão de materiais abrasivos. As ferramentas de otimização de impressão assistidas por IA podem analisar vastos conjuntos de dados de

- parâmetros de impressão,
- propriedades do material,
- imprimir resultados para identificar
- padrões,
- tendências,

- definições óptimas para tipos de filamentos específicos e
- configurações da impressora.

Ao tirar partido dos algoritmos de aprendizagem automática, estas ferramentas podem adaptar e aperfeiçoar continuamente as definições de impressão em

- em tempo real,
- otimização da qualidade de impressão,
- desgaste do bico, e
- eficiência na utilização de materiais.

Além disso, as técnicas de modelação preditiva baseadas em IA podem antecipar potenciais problemas de impressão, tais como obstruções de bicos ou problemas de aderência de camadas, antes que estes ocorram, permitindo uma intervenção proactiva e estratégias de mitigação. As ferramentas avançadas de otimização de impressão assistida por IA também oferecem interfaces de utilizador intuitivas e sistemas de apoio à decisão, capacitando os utilizadores com conhecimentos e recomendações accionáveis para otimizar o seu fluxo de trabalho de impressão. À medida que as tecnologias de IA continuam a avançar, têm o potencial de revolucionar os processos de impressão de materiais abrasivos, permitindo aos utilizadores alcançar níveis inigualáveis de precisão, eficiência e fiabilidade nos seus esforços de impressão 3D.

9.3 Práticas sustentáveis no desenvolvimento de filamentos

Em resposta às crescentes preocupações ambientais, é provável que os futuros desenvolvimentos no domínio do desenvolvimento de filamentos se centrem em materiais e processos de fabrico sustentáveis. As práticas sustentáveis no desenvolvimento de filamentos envolvem a utilização de materiais renováveis, biodegradáveis e reciclados como fontes alternativas para a produção de filamentos. Os polímeros de base biológica derivados de fontes vegetais, como o PLA e o PHA, oferecem alternativas ecológicas aos plásticos tradicionais à base de petróleo, reduzindo a pegada de carbono e o impacto ecológico do fabrico de filamentos.

Além disso, os avanços nas tecnologias de reciclagem permitem a reutilização de resíduos pós-consumo e subprodutos de fabrico em materiais de filamento de alta qualidade, fechando o ciclo de utilização de materiais e minimizando o desperdício. Além disso, as práticas de desenvolvimento de filamentos sustentáveis dão prioridade a processos de fabrico eficientes em termos energéticos, como o fabrico aditivo a partir de materiais reciclados ou a extrusão de filamentos utilizando fontes de energia renováveis. Ao adotar práticas sustentáveis no desenvolvimento de filamentos, a indústria de impressão 3D pode reduzir a sua pegada ambiental e contribuir para um futuro mais sustentável para a impressão de materiais abrasivos e o fabrico de aditivos como um todo.

Em conclusão, as direcções futuras e as tecnologias emergentes na impressão 3D com materiais abrasivos têm o potencial de revolucionar o campo, permitindo aos utilizadores atingir níveis mais elevados de

- fiabilidade,
- eficiência e
- sustentabilidade

nos seus processos de impressão. Materiais e designs avançados de bicos, ferramentas de otimização de impressão assistidas por IA e práticas sustentáveis no desenvolvimento de filamentos representam áreas-chave de inovação que irão moldar o futuro da impressão de materiais abrasivos. Ao abraçar estes avanços, a indústria de impressão 3D pode desbloquear novas possibilidades e enfrentar os desafios associados à impressão de materiais abrasivos como os filamentos de fibra de carbono, abrindo caminho para um progresso e inovação contínuos no fabrico de aditivos.

10. Conclusões

A exploração da impressão 3D com materiais abrasivos, em particular filamentos de fibra de carbono e compósitos semelhantes, lançou luz sobre inúmeras complexidades e desafios inerentes a este domínio emergente. Através da experimentação empírica e da análise teórica, esta tese teve como objetivo fornecer informações sobre a seleção de bicos, o ajuste das definições de impressão e técnicas práticas para melhorar a fiabilidade e a qualidade das impressões com materiais abrasivos. Nesta secção de conclusão, resumimos os resultados, discutimos as suas implicações para a comunidade de impressão 3D e delineamos áreas para investigação futura.

10.1 Resumo das conclusões

Ao longo desta investigação, surgiram várias conclusões importantes:

Impacto dos Aditivos Abrasivos: Os filamentos com infusão de fibra de carbono apresentam propriedades únicas, incluindo maior resistência e rigidez, mas também apresentam desafios como o desgaste do bocal e o entupimento do material devido à natureza abrasiva das fibras de carbono.

Seleção do bocal: Os bicos de latão, normalmente utilizados em impressoras 3D padrão, são susceptíveis a um desgaste rápido ao imprimir materiais abrasivos. A atualização para aço endurecido ou materiais alternativos como o carboneto de tungsténio pode melhorar significativamente a durabilidade e longevidade dos bicos.

Otimização das definições de impressão: Os ajustes das definições de impressão, tais como temperatura, velocidade e parâmetros de retração, são necessários para obter uma qualidade de impressão óptima e atenuar o desgaste do bocal e o entupimento do material ao imprimir com filamentos abrasivos.

Técnicas práticas: Implementação de técnicas práticas, incluindo bocal

- manutenção,
- manuseamento e
- directrizes de armazenamento para filamentos abrasivos, e
- resolução de problemas comuns,

é essencial para garantir experiências de impressão bem sucedidas com materiais abrasivos.

Em geral, a experimentação empírica e a análise teórica realizadas neste estudo forneceram informações valiosas sobre as complexidades e os desafios associados à impressão 3D de materiais abrasivos, oferecendo recomendações práticas aos utilizadores que procuram otimizar os seus processos de impressão.

10.2 Implicações para a comunidade de impressão 3D

Os resultados desta investigação têm implicações significativas para a comunidade mais alargada da impressão 3D:

Melhoria da qualidade de impressão: Ao implementar as recomendações e técnicas descritas neste estudo, os utilizadores podem alcançar níveis mais elevados de qualidade de impressão e fiabilidade ao trabalhar com materiais abrasivos, expandindo as possibilidades de protótipos funcionais e peças de utilização final.

Melhoria da durabilidade dos bicos: Compreender o impacto dos aditivos abrasivos no desgaste dos bicos e selecionar materiais e designs de bicos adequados pode prolongar a vida útil das impressoras 3D e reduzir os custos de manutenção para os utilizadores.

Avanços no desenvolvimento de materiais: A identificação de técnicas práticas de manuseamento e armazenamento de filamentos abrasivos pode informar futuros desenvolvimentos no fabrico de filamentos e práticas de sustentabilidade, promovendo a adoção de materiais e processos ecológicos na indústria da impressão 3D.

De um modo geral, os conhecimentos adquiridos com esta investigação contribuem para o avanço e a inovação contínuos das tecnologias de impressão com materiais abrasivos, permitindo aos utilizadores ultrapassar desafios e desbloquear novas possibilidades no fabrico aditivo.

10.3 Áreas para investigação futura

Embora este estudo tenha fornecido informações valiosas sobre a impressão 3D com materiais abrasivos, há várias áreas que merecem uma investigação mais aprofundada:

Materiais e concepções avançadas de bocais: Investigação contínua sobre

- novos materiais e concepções de bicos,
- incluindo a cerâmica,
- compósitos, e
- revestimentos avançados,

pode aumentar ainda mais a durabilidade e o desempenho do bocal em aplicações de impressão de materiais abrasivos.

Otimização de impressão assistida por IA: A integração da inteligência artificial e das tecnologias de aprendizagem automática nos fluxos de trabalho de impressão 3D oferece oportunidades promissoras para automatizar os processos de otimização da impressão e alcançar níveis mais elevados de eficiência e fiabilidade.

Desenvolvimento sustentável de filamentos: A investigação futura sobre práticas sustentáveis no desenvolvimento de filamentos, incluindo polímeros de base biológica, materiais reciclados e processos de fabrico energeticamente eficientes, pode promover a sustentabilidade ambiental e reduzir o impacto ecológico da impressão 3D.

Ao abordar estas áreas de investigação, a comunidade de impressão 3D pode continuar a alargar os limites das tecnologias de impressão com materiais abrasivos e a abrir novas oportunidades de inovação e crescimento no fabrico de aditivos.

Em conclusão, esta tese forneceu informações valiosas sobre as complexidades e os desafios da impressão 3D com materiais abrasivos, oferecendo recomendações práticas e caminhos para investigação futura. Ao tirar partido das conclusões deste estudo, os utilizadores podem melhorar os seus processos de impressão e contribuir para o avanço e inovação contínuos das tecnologias de impressão com materiais abrasivos.

Referências

Agrawal, R., & Vinodh, S. (2019). Revisão do estado da arte sobre fabricação aditiva sustentável. Em *Rapid Prototyping Journal* (Vol. 25, Issue 6, pp. 1045-1060). Emerald Group Holdings Ltd. https://doi.org/10.1108/RPJ-04-2018-0085

Ali, M. H., Mir-Nasiri, N., & Ko, W. L. (2016). Sistema de extrusão de múltiplos bicos para impressora 3D e seu mecanismo de controlo. *International Journal of Advanced Manufacturing Technology*, *86*(1-4), 999-1010. https://doi.org/10.1007/s00170-015-8205-9

Badiru, A. (n.d.). *Additive Manufacturing Handbook (Manual de fabrico aditivo)*.

Bardiya, S., Jerald, J., & Satheeshkumar, V. (2020). O impacto dos parâmetros do processo na resistência à tração, resistência à flexão e tempo de fabricação de peças fabricadas com filamento fundido (FFF). *Materials Today: Proceedings*, *39*, 1362-1366. https://doi.org/10.1016/j.matpr.2020.04.691

Beran, T., Mulholland, T., Henning, F., Rudolph, N., & Osswald, T. A. (2018). Fatores de entupimento do bico durante a fabricação de filamentos fundidos de polímeros cheios de partículas esféricas. *Additive Manufacturing*, *23*, 206-214. https://doi.org/10.1016/j.addma.2018.08.009

Boparai, K. S., Singh, R., & Singh, H. (2016a). Desenvolvimento de ferramentas rápidas usando modelagem de deposição fundida: Uma revisão. Em *Rapid Prototyping Journal* (Vol. 22, Issue 2, pp. 281-299). Emerald Group Publishing Ltd. https://doi.org/10.1108/RPJ-04-2014-0048

Boparai, K. S., Singh, R., & Singh, H. (2016b). Investigações experimentais para o desenvolvimento de filamento FDM alternativo de Nylon6-Al-Al2O3. *Rapid Prototyping Journal*, *22*(2), 217-224. https://doi.org/10.1108/RPJ-04-2014-0052

Çalişkan, H., Kurşuncu, B., Kurbanoĝlu, C., & Güven, şevki Y. (2013). Seleção de materiais para o porta-ferramentas que trabalham em condições de fresagem dura usando diferentes métodos de tomada de decisão multi-critério. *Materials and Design*, *45*, 473-479. https://doi.org/10.1016/j.matdes.2012.09.042

Choi, J. Y., & Kortschot, M. T. (2020). Previsão de rigidez de compósitos termoplásticos reforçados com fibra impressa em 3D. *Rapid Prototyping Journal, 26*(3), 549-555. https://doi.org/10.1108/RPJ-11-2018-0283

Devicharan, R., & Garg, R. (2018). Otimização da qualidade de impressão controlando os parâmetros do processo na máquina de impressão 3D. Em *Impressão 3D e tecnologias de fabricação aditiva* (pp. 187-194). Springer Singapore. https://doi.org/10.1007/978-981-13-0305-0_16

Domm, M. (2020). Impressão de estruturas compósitas de polímeros tridimensionais com reforço de fibra contínua. Em *Estrutura e propriedades de componentes de polímero fabricados com aditivos* (pp. 333-358). Elsevier. https://doi.org/10.1016/B978-0-12-819535-2.00011-9

Dutta, B., & Froes, F. H. (n.d.). *Fabrico aditivo de ligas de titânio: estado da arte, desafios e oportunidades.*

Fayazbakhsh, K., Movahedi, M., & Kalman, J. (2019). O impacto dos defeitos nas propriedades de tração de peças impressas em 3D fabricadas por fabricação de filamentos fundidos. *Materials Today Communications, 18,* 140-148. https://doi.org/10.1016/j.mtcomm.2018.12.003

Ferreira, I., Machado, M., Alves, F., & Torres Marques, A. (2019a). Uma revisão sobre a impressão de compósitos reforçados com fibras via FFF. Em *Rapid Prototyping Journal* (Vol. 25, Issue 6, pp. 972-988). Emerald Group Holdings Ltd. https://doi.org/10.1108/RPJ-01-2019-0004

Ferreira, I., Machado, M., Alves, F., & Torres Marques, A. (2019b). Uma revisão sobre a impressão de compósitos reforçados com fibras via FFF. Em *Rapid Prototyping Journal* (Vol. 25, Issue 6, pp. 972-988). Emerald Group Holdings Ltd. https://doi.org/10.1108/RPJ-01-2019-0004

Ferreira, I., Madureira, R., Villa, S., de Jesus, A., Machado, M., & Alves, J. L. (2020a). Usinabilidade de PA12 e materiais PA12 reforçados com fibras curtas produzidos por fabricação de filamento fundido. *International Journal of Advanced Manufacturing Technology, 107*(1-2), 885-903. https://doi.org/10.1007/s00170-019-04839-z

Ferreira, I., Madureira, R., Villa, S., de Jesus, A., Machado, M., & Alves, J. L. (2020b). Usinabilidade de PA12 e materiais PA12 reforçados com fibras curtas produzidos por fabricação de filamentos fundidos. *International Journal of Advanced Manufacturing Technology*, *107*(1-2), 885-903. https://doi.org/10.1007/s00170-019-04839-z

Ferrell, W. H., Arndt, C. M., & TerMaath, S. (2021). Dependência da resistência à tração do ABS reforçado com fibra FFF no condicionamento ambiental. *Mecânica de Materiais e Estruturas Avançadas*, *28*(20), 2163-2176. https://doi.org/10.1080/15376494.2020.1722870

Ferrell, W. H., Clement, J., & TerMaath, S. (2021). Padronização de testes de tração uniaxial para a qualificação de plásticos reforçados com fibra para fabricação de filamentos fundidos. *Mecânica de Materiais e Estruturas Avançadas*, *28*(12), 1254-1273. https://doi.org/10.1080/15376494.2019.1660438

Frazier, W. E., Hamilton, C., Kalnaus, S., Sobczak, N., & Tartaglia, J. (n.d.). *Call for Papers Special Issue Focus on Additive Manufacturing.* http://www.springer.com/materials/characterization+%26+evaluation/journal/11665

Garmulewicz, A. (2017). Revisão do livro Handbook of Sustainability in Additive Manufacturing, editado por Subramanian Muthu e Monica Savalani. Springer Singapore, 2016, 168 pp., ISBN 978-981-10-0547-3, capa dura, $119.00, ebook, $89.00 e 3D Printing Will Rock the World, de John Hornick. CreateSpace Independent Publishing Platform, North Charleston, SC, EUA, 2015, 376 pp., ISBN-13 978-1516946792, brochura, $24,95. *Journal of Industrial Ecology*, *21*(S1). https://doi.org/10.1111/jiec.12617

Gharehpapagh, B., Dolen, M., & Yaman, U. (2019a). Investigação de larguras variáveis de esferas no processo FFF. *Procedia Manufacturing*, *38*, 52-59. https://doi.org/10.1016/j.promfg.2020.01.007

Gharehpapagh, B., Dolen, M., & Yaman, U. (2019b). Investigação de larguras variáveis de esferas no processo FFF. *Procedia Manufacturing*, *38*, 52-59. https://doi.org/10.1016/j.promfg.2020.01.007

Gonabadi, H., Yadav, A., & Bull, S. J. (2020). O efeito dos parâmetros de processamento nas características mecânicas do PLA produzido por uma impressora 3D FFF.

International Journal of Advanced Manufacturing Technology, *111*(3-4), 695-709. https://doi.org/10.1007/s00170-020-06138-4

Heller, B. P., Smith, D. E., & Jack, D. A. (2016). Efeitos do inchaço do extrudado e da geometria do bico na orientação da fibra no fluxo do bico de fabricação de filamento fundido. *Additive Manufacturing, 12,* 252-264. https://doi.org/10.1016/j.addma.2016.06.005

Ibrahim, Y., Elkholy, A., Schofield, J. S., Melenka, G. W., & Kempers, R. (2020). Condutividade térmica efetiva de compósitos de polímero de fibra contínua impressos em 3D. *Fabrico avançado: Ciência de Polímeros e Compósitos, 6*(1), 17-28. https://doi.org/10.1080/20550340.2019.1710023

Ibrahim, Y., Melenka, G. W., & Kempers, R. (2018). Fabricação e teste de tração de compósitos de polímero de fio contínuo impressos em 3D. *Rapid Prototyping Journal, 24*(7), 1131-1141. https://doi.org/10.1108/RPJ-11-2017-0222

Ivanova, O., Williams, C., & Campbell, T. (2013). Fabrico aditivo (AM) e nanotecnologia: Promessas e desafios. *Rapid Prototyping Journal, 19*(5), 353-364. https://doi.org/10.1108/RPJ-12-2011-0127

J, B. A., Varadhan G, K. v, & andKishore Bajrang M, K. P. (2020). ScienceDirect Design e fabricação de máquina de impressão 3D de mesa inovadora. Em *Materiais Hoje: Proceedings* (Vol. 22). www.sciencedirect.com

Jiang, L., Peng, X., & Walczyk, D. (2020). Impressão 3D de compósitos reforçados com biofibra e suas propriedades mecânicas: uma revisão. No *Jornal de Prototipagem Rápida* (Vol. 26, Edição 6, pp. 1113-1129). Emerald Group Holdings Ltd. https://doi.org/10.1108/RPJ-08-2019-0214

Karakurt, I., & Lin, L. (2020). Tecnologias de impressão 3D: técnicas, materiais e pós-processamento. Em *Opinião Atual em Engenharia Química* (Vol. 28, pp. 134-143). Elsevier Ltd. https://doi.org/10.1016/j.coche.2020.04.001

Khan, M. S., & Dash, J. P. (2018). Melhorando o acabamento da superfície de peças de modelagem de deposição fundida. Em *Impressão 3D e tecnologias de fabrico de aditivos* (pp. 45-57). Springer Singapore. https://doi.org/10.1007/978-981-13-0305-0_5

Kim, H., Lin, Y., & Tseng, T. L. B. (2018). Uma revisão sobre o controle de qualidade na fabricação de aditivos. Em *Rapid Prototyping Journal* (Vol. 24, Issue 3, pp. 645-669). Emerald Group Publishing Ltd. https://doi.org/10.1108/RPJ-03-2017-0048

Kim, T., Trangkanukulkij, R., & Kim, W. S. (2018). Orientação de enchimento guiada pela forma do bico em nanocompósitos fotocuráveis impressos em 3D. *Relatórios Científicos*, 8(1). https://doi.org/10.1038/s41598-018-22107-0

Korkees, F., Allenby, J., & Dorrington, P. (2020). Impressão 3D de compósitos: parâmetros de design e desempenho de flexão. *Rapid Prototyping Journal*, 26(4), 699-706. https://doi.org/10.1108/RPJ-07-2019-0188

Kumar, R., Antonov, M., Beste, U., & Goljandin, D. (2020). Avaliação de aços e compósitos impressos em 3D destinados a aplicações de desgaste em condições erosivas abrasivas, secas ou de lama. *Jornal Internacional de Metais Refratários e Materiais Duros*, 86. https://doi.org/10.1016/j.ijrmhm.2019.105126

Mali, H. S., Prajwal, B., Gupta, D., & Kishan, J. (2018). Acabamento de fluxo abrasivo de peças impressas em FDM usando uma mídia sustentável. *Rapid Prototyping Journal*, 24(3), 593-606. https://doi.org/10.1108/RPJ-10-2017-0199

Mansour, M., Tsongas, K., Tzetzis, D., & Antoniadis, A. (2018). Comportamento mecânico e dinâmico da fabricação de filamentos fundidos em 3D impresso em glicol de tereftalato de polietileno reforçado com fibras de carbono. *Polymer - Plastics Technology and Engineering*, 57(16), 1715-1725. https://doi.org/10.1080/03602559.2017.1419490

Marasso, S. L., Cocuzza, M., Bertana, V., Perrucci, F., Tommasi, A., Ferrero, S., Scaltrito, L., & Pirri, C. F. (2018). Filamento condutor PLA para aplicações de deteção inteligente impressas em 3D. *Rapid Prototyping Journal*, 24(4), 739-743. https://doi.org/10.1108/RPJ-09-2016-0150

Mitchell, A., Lafont, U., Hołyńska, M., & Semprimoschnig, C. (2018). Fabricação de aditivos - Uma revisão da impressão 4D e aplicações futuras. Em *Fabricação de Aditivos* (Vol. 24, pp. 606-626). Elsevier B.V. https://doi.org/10.1016/j.addma.2018.10.038

Murr, L. E. (2014). Impressão 3D: Eletrónica impressa. Em *Handbook of Materials Structures, Properties, Processing and Performance* (*Manual de estruturas, propriedades, processamento e desempenho de materiais*) (pp. 1-15). Springer International Publishing. https://doi.org/10.1007/978-3-319-01905-5_35-1

Nath, P., Olson, J. D., Mahadevan, S., & Lee, Y. T. T. (2020). Otimização dos parâmetros do processo de fabricação de filamento fundido sob incerteza para maximizar a precisão da geometria da peça. *Fabricação de Aditivos, 35.* https://doi.org/10.1016/j.addma.2020.101331

Nguyen, T. K., & Lee, B. K. (2018). Pós-processamento de peças FDM para melhorar a superfície e as propriedades térmicas. *Rapid Prototyping Journal, 24*(7), 1091-1100. https://doi.org/10.1108/RPJ-12-2016-0207

Nienhaus, V., Smith, K., Spiehl, D., & Dörsam, E. (2019). Investigações sobre a geometria do bico na fabricação de filamentos fundidos. *Additive Manufacturing, 28,* 711-718. https://doi.org/10.1016/j.addma.2019.06.019

Nordin Mohamad Norani, M., Kejuruteraan Mekanikal, F., Ilman Hakimi Chua Abdullah Fakulti Teknologi Kejuruteraan Mekanikal, M., Amiruddin, H., Redza Ramli, F., & Tamaldin, N. (n.d.). *Correlação das propriedades tribo-mecânicas das estruturas de geometria interna do acrilonitrilo butadieno estireno Mohd Fadzli Bin Abdollah.* https://doi.org/10.1108/ILT-04-2020-0143/Keywords

Olsson, A., Hellsing, M. S., & Rennie, A. R. (2017). Novas possibilidades usando a manufatura aditiva com materiais difíceis de processar e com estruturas complexas. In *Physica Scripta* (Vol. 92, Issue 5). Institute of Physics Publishing. https://doi.org/10.1088/1402-4896/aa694e

Papon, E. A., & Haque, A. (2019). Resistência à fratura de compósitos reforçados com fibra de carbono fabricados aditivamente. *Fabricação de aditivos, 26,* 41-52. https://doi.org/10.1016/j.addma.2018.12.010

Patwardhan, A. 1. (2018). Como a impressão 3D mudará o futuro dos empréstimos e gastos? No *Manual de Blockchain, Finanças Digitais e Inclusão* (Vol. 2, pp. 493-520). Elsevier Inc. https://doi.org/10.1016/B978-0-12-812282-2.00022-X

ESPREITAR A IMPRESSÃO 3D. (n.d.). www.intamsys.com

Quelho de Macedo, R., Ferreira, R. T. L., & Jayachandran, K. (2019). Determinação das propriedades mecânicas do material impresso em 3D FFF avaliando a fração de volume de vazios, a taxa de resfriamento e as tensões térmicas residuais. *Rapid Prototyping Journal*, *25*(10), 1661-1683. https://doi.org/10.1108/RPJ-08-2018-0192

Rahim, T. N. A. T., Abdullah, A. M., & Md Akil, H. (2019). Desenvolvimentos recentes na impressão 3D baseada em modelagem de deposição fundida de polímeros e seus compostos. Em *Polymer Reviews* (Vol. 59, Issue 4, pp. 589-624). Taylor and Francis Inc. https://doi.org/10.1080/15583724.2019.1597883

Schirmeister, C. G., Hees, T., Licht, E. H., & Mülhaupt, R. (2019). Impressão 3D de polietileno de alta densidade por fabricação de filamentos fundidos. *Additive Manufacturing*, *28*, 152-159. https://doi.org/10.1016/j.addma.2019.05.003

ScienceDirect. (2020). www.sciencedirect.com

Senthilkannan, S., Monica, M., & Savalani, M. (n.d.-a). *Environmental Footprints and Eco-design of Products and Processes Handbook of Sustainability in Additive Manufacturing (Pegadas ambientais e conceção ecológica de produtos e processos)*. http://www.springer.com/series/13340

Senthilkannan, S., Monica, M., & Savalani, M. (n.d.-b). *Environmental Footprints and Eco-design of Products and Processes Handbook of Sustainability in Additive Manufacturing (Pegadas ambientais e conceção ecológica de produtos e processos)*. http://www.springer.com/series/13340

Serhan, M., Sprowls, M., Jackemeyer, D., Long, M., Perez, I. D., Maret, W., Tao, N., & Forzani, E. (2019). Medição total de ferro no soro humano com um smartphone. *Reunião Anual da AIChE, Anais da Conferência, 2019-novembro*. https://doi.org/10.1039/x0xx00000x

Singh, R., Singh, S., & Mankotia, K. (2016). Desenvolvimento de fio à base de ABS como filamento de matéria-prima de FDM para aplicações industriais. *Rapid Prototyping Journal*, *22*(2), 300-310. https://doi.org/10.1108/RPJ-07-2014-0086

Sirichakwal, I., & Conner, B. (2016). Implicações do fabrico de aditivos para o inventário de peças sobresselentes. *3D Printing and Additive Manufacturing*, *3*(1), 56-63. https://doi.org/10.1089/3dp.2015.0035

Spina, R., & Cavalcante, B. (2020). Análise preliminar de filamentos de PP extrudados para FFF. *Procedia Manufacturing*, *47*, 915-919. https://doi.org/10.1016/j.promfg.2020.04.281

Spoerk, M., Gonzalez-Gutierrez, J., Sapkota, J., Schuschnigg, S., & Holzer, C. (2018). Efeito da temperatura do leito de impressão na adesão de peças produzidas por fabricação de filamentos fundidos. *Plastics, Rubber and Composites*, *47*(1), 17-24. https://doi.org/10.1080/14658011.2017.1399531

Srivastava, V. K., Jain, P. K., Kumar, P., Pegoretti, A., & Bowen, C. R. (2020). Processo de fabricação inteligente de estruturas de baixa dimensão à base de carbono e compósitos de polímero reforçado com fibra para aplicações de engenharia. No *Jornal de Engenharia de Materiais e Desempenho* (Vol. 29, Edição 7, pp. 4162-4186). Springer. https://doi.org/10.1007/s11665-020-04950-3

Sukindar, N. A., Ariffin, M. K. A. M., Baharudin, B. T. H. T., Jaafar, C. N. A., & Ismail, M. I. S. (2018). Efeitos do ângulo da matriz do bico na extrusão de polimetilmetacrilato na impressão 3D de código aberto. *Journal of Computational and Theoretical Nanoscience*, *15*(2), 663-665. https://doi.org/10.1166/jctn.2018.7141

Teknologi, J., Sukindar, A., Ariffin, M. K. A., Hang, B. T., Baharudin, T., Nor, C., Jaafar, A., Idris, M., & Ismail, S. (2016). *ANALYZING THE EFFECT OF NOZZLE DIAMETER IN FUSED DEPOSITION MODELING FOR EXTRUDING POLYLACTIC ACID USING OPEN SOURCE 3D PRINTING* (Vol. 78, Issue 10). www.jurnalteknologi.utm.my

The 3D Printing Handbook Tecnologias, design e aplicações por Ben Redwood, Filemon Schöffer, Brian Garret (z-lib.org). (n.d.).

Tlegenov, Y., Hong, G. S., & Lu, W. F. (2018a). Monitoramento da condição do bico na impressão 3D. *Robótica e Fabricação Integrada por Computador*, *54*, 45-55. https://doi.org/10.1016/j.rcim.2018.05.010

Tlegenov, Y., Hong, G. S., & Lu, W. F. (2018b). Monitoramento da condição do bico na impressão 3D. *Robótica e Fabricação Integrada por Computador, 54*, 45-55. https://doi.org/10.1016/j.rcim.2018.05.010

Ueda, M., Kishimoto, S., Yamawaki, M., Matsuzaki, R., Todoroki, A., Hirano, Y., & le Duigou, A. (2020). Impressão de compactação 3D de um termoplástico contínuo reforçado com fibra de carbono. *Compósitos Parte A: Ciência Aplicada e Fabricação, 137*. https://doi.org/10.1016/j.compositesa.2020.105985

Vora, H. D., & Sanyal, S. (2020). Uma revisão abrangente: metrologia na fabricação de aditivos e tecnologia de impressão 3D. Em *Progress in Additive Manufacturing* (Vol. 5, Issue 4, pp. 319-353). Springer Science and Business Media Deutschland GmbH. https://doi.org/10.1007/s40964-020-00142-6

Vyavahare, S., Teraiya, S., Panghal, D., & Kumar, S. (2020). Modelagem de deposição fundida: uma revisão. Em *Rapid Prototyping Journal* (Vol. 26, Issue 1, pp. 176-201). Emerald Group Holdings Ltd. https://doi.org/10.1108/RPJ-04-2019-0106

Walter, R., Selzer, R., Gurka, M., & Friedrich, K. (2020). Efeito da qualidade do filamento, estrutura e parâmetros de processamento nas propriedades de termoplásticos reforçados com fibras curtas fabricados com filamento fundido. Em *Estrutura e propriedades de componentes de polímeros fabricados com aditivos* (pp. 253-302). Elsevier. https://doi.org/10.1016/B978-0-12-819535-2.00009-0

Wang, F., Zhang, Z., Ning, F., Wang, G., & Dong, C. (2020). Um modelo mecanicista para a propriedade de tração de compósitos plásticos reforçados com fibra de carbono contínua construídos por fabricação de filamento fundido. *Fabricação de Aditivos, 32*. https://doi.org/10.1016/j.addma.2020.101102

Wang, J. C., Dommati, H., & Hsieh, S. J. (2019a). Revisão dos métodos de fabricação aditiva para materiais cerâmicos de alto desempenho. Em *International Journal of Advanced Manufacturing Technology* (Vol. 103, Issues 5-8, pp. 2627-2647). Springer London. https://doi.org/10.1007/s00170-019-03669-3

Wang, J. C., Dommati, H., & Hsieh, S. J. (2019b). Revisão dos métodos de fabricação aditiva para materiais cerâmicos de alto desempenho. Em *International Journal of*

Advanced Manufacturing Technology (Vol. 103, Issues 5-8, pp. 2627-2647). Springer London. https://doi.org/10.1007/s00170-019-03669-3

Warrier, N., & Kate, K. H. (2018). Impressão 3D de fabricação de filamentos fundidos com ligas de baixo ponto de fusão. *Progress in Additive Manufacturing*, *3*(1-2), 51-63. https://doi.org/10.1007/s40964-018-0050-6

Wu, H., Sulkis, M., Driver, J., Saade-Castillo, A., Thompson, A., & Koo, J. H. (2018). Filamentos compostos multifuncionais ULTEM^{TM} 1010 para fabricação de aditivos usando Fused Filament Fabrication (FFF). *Additive Manufacturing*, *24*, 298-306. https://doi.org/10.1016/j.addma.2018.10.014

Yang, C., Tian, X., Liu, T., Cao, Y., & Li, D. (2017). Impressão 3D para compósitos termoplásticos reforçados com fibra contínua: Mecanismo e desempenho. *Rapid Prototyping Journal*, *23*(1), 209-215. https://doi.org/10.1108/RPJ-08-2015-0098

Yang, L., Li, S., Li, Y., Yang, M., & Yuan, Q. (2019). Investigações experimentais para otimizar os parâmetros de extrusão em peças impressas em FDM PLA. *Jornal de Engenharia de Materiais e Desempenho*, *28*(1), 169-182. https://doi.org/10.1007/s11665-018-3784-x

Zandi, M. D., Jerez-Mesa, R., Lluma-Fuentes, J., Jorba-Peiro, J., & Travieso-Rodriguez, J. A. (2020). Estudo dos efeitos do processo de fabricação de filamentos fundidos e moldagem por injeção nas propriedades de tração de peças compostas de PLA-madeira. *International Journal of Advanced Manufacturing Technology*, *108*(5-6), 1725-1735. https://doi.org/10.1007/s00170-020-05522-4

Zhang, D., Liu, X., & Qiu, J. (2021). Impressão 3D de vidro por técnicas de fabricação aditiva: uma revisão. Em *Fronteiras da Optoeletrônica* (Vol. 14, Edição 3, pp. 263-277). Higher Education Press Limited Company. https://doi.org/10.1007/s12200-020-1009-z

Zhang, F., Ma, G., & Tan, Y. (2017). *O projeto e a análise da estrutura do bico para impressão 3D contínua de compósitos de fibra de carbono.*

I want morebooks!

Buy your books fast and straightforward online - at one of world's fastest growing online book stores! Environmentally sound due to Print-on-Demand technologies.

Buy your books online at
www.morebooks.shop

Compre os seus livros mais rápido e diretamente na internet, em uma das livrarias on-line com o maior crescimento no mundo! Produção que protege o meio ambiente através das tecnologias de impressão sob demanda.

Compre os seus livros on-line em
www.morebooks.shop

Printed by Books on Demand GmbH, Norderstedt / Germany